AF596764

UNE EXPLOITATION VITICOLE EN BEAUJOLAIS

LE

DOMAINE DE L'ÉCLAIR

A LIERGUES

PRÈS VILLEFRANCHE (RHONE)

PROPRIÉTÉ DE M. VERMOREL

MACON
PROTAT FRÈRES, IMPRIMEURS

1898

UNE EXPLOITATION VITICOLE EN BEAUJOLAIS

LE
DOMAINE DE L'ÉCLAIR

A LIERGUES, près Villefranche (Rhône).

PROPRIÉTÉ DE M. VERMOREL

Origine du Domaine.

Le domaine de l'Éclair, propriété de M. Vermorel, est situé sur trois communes, celle de Liergues (canton d'Anse), celle de Gleizé (canton de Villefranche), et celle de Jarnioux (canton du Bois-d'Oingt), arrondissement de Villefranche. Le petit ruisseau de Fonas, qui arrose les prairies avoisinant l'habitation, au fond des vallées, limite les communes de Liergues et de Gleizé, et le chemin vicinal n° 15, de Lacenas à Jarnioux, sépare de Liergues cette dernière commune.

C'est à l'année 1889 que remonte l'origine de la propriété. Un premier achat, fait par M. Vermorel à M. de Vannoy, comportait la plus grande partie du lieu dit « les Combes », exactement 11 hectares 63. Le reste de ce lot devait plus tard rentrer dans la propriété par une acquisition d'ensemble.

Aussitôt possesseur des Combes, M. Vermorel entreprit la constitution de ce domaine, et la première acquisition lui ayant permis de se rendre compte, sur une surface déjà considérable, des conditions dans lesquelles la reconstitution pouvait s'effectuer, il résolut, fort de cette expérience, de créer une exploitation qui pût servir à la fois de guide et d'encouragement aux viticulteurs, encore hésitants, de cette région.

Une propriété, attenant à celle acquise de M. de Vannoy, se trouvait en vente à cette époque ; le propriétaire, découragé dans la lutte qu'il avait entreprise pour la reconstitution, après avoir des premiers, en Beaujolais, planté des cépages américains greffés (printemps 1879), abandonnait la tâche. La situation topographique de ce domaine, la nature des terrains, l'existence d'un grand bâtiment pouvant, par un aménagement ultérieur, servir de chai et de cuvage, décidèrent M. Vermorel à s'en rendre acquéreur, malgré toutes les difficultés qu'il prévoyait pour la reconstitution. Cette acquisition comportait les bâtiments et les terres appartenant à M. Guinon, et connus sous les noms de « Convert », « Fonds-Perdu », la partie de « Combes », acquise de M. de Vannoy qui avait déjà vendu l'autre lot à M. Vermorel, plus quelques parcelles à « Bois-Franc ».

Ce n'était pas sans efforts que M. Guinon avait pu constituer ce domaine, dans une région où les biens sont rarement aliénés et où le morcellement est poussé à l'extrême. L'invasion phylloxérique avait fait procéder à quelques ventes, et le propriétaire du Convert en avait profité, ne pensant pas se heurter à de trop grandes difficultés pour la reconstitution.

En 1837, M. Guinon n'avait qu'un seul vigneron qui logeait près de lui, dans une habitation située sur l'emplacement du château actuel. Il s'agrandit peu à peu en achetant à M. de Bussy et à quelques autres propriétaires. En 1839, il construit un vigneronnage en haut de « Fonds-Perdu » et loge un autre vigneron près de son habitation.

En 1840, il acquiert la parcelle 120 du plan cadastral, dite du « Moulin », et n'opère plus que quelques faibles achats jusqu'en 1850. C'est pendant la période de 1850 à 1860 qu'il constitue sa propriété par des achats successifs à MM. de Bussy, de Vannoy, aux communes et à divers.

C'est de l'ensemble de cette propriété ruinée par le phylloxera, ne produisant plus rien, comme on le verra par les statistiques publiées plus loin, et d'une reconstitution difficile, puisqu'elle avait été tentée deux fois sans succès, que M. Vermorel se rend acquéreur en 1891, l'ajoutant aux 11 hectares de la partie de « Combes ».

Peu à peu, depuis cette époque, ce domaine est agrandi par l'adjonction de différentes parcelles voisines ou enclavées : en 1892, le nouveau propriétaire achète les parcelles 71 et 72 du plan cadastral et les maisons des Places qu'il refait complètement à neuf, pour y loger deux vignerons. La même année, il acquiert de M. Mahine une grande partie de « Bois-Franc ». En 1893, il achète « les Sapins » à M. de Vaunoy et aussi quelques petits lots de faible superficie, mais qui sont pour lui de grande importance, car ils lui permettent de supprimer les enclaves, de faire un domaine homogène d'une propriété morcelée, rendant plus faciles le contrôle et l'exécution des diverses opérations culturales.

Superficie.

Tel qu'il est constitué aujourd'hui, le domaine de l'Éclair s'étend de l'est à l'ouest, sur une longueur de plus de 2 kilomètres, et forme une large bande de terrain accidentée sur la partie nord-est, tandis que toute la partie ouest, dite des « Combes » et de « Bois-Franc », s'étend en un des plus beaux plateaux de la région beaujolaise.

La superficie est d'environ 60 hectares. Située à 4 kilomètres de Villefranche, la propriété est desservie de cette ville par un chemin de grande communication qui la traverse au nord.

Un parc, planté d'essences diverses, occupe une superficie de 2 hectares. Autour du château sont groupés les bâtiments d'exploitation : chai, cuvage, hangars, habitations du personnel et quelques vigneronnages. Enfin, çà et là, se dressent isolément les maisons des vignerons à gages et leurs dépendances; chacun d'eux, habitant au milieu de ses vignes, évite toute perte de temps pour se rendre au travail et exerce ainsi une surveillance constante sur la partie qui lui est confiée.

Deux grandes parcelles, celle de « Bois-Franc » et celle des « Sapins », jugées trop éloignées des bâtiments d'exploitation, ont été dotées, en 1897, pour répondre à ces besoins, de deux maisons nouvelles, édifiées sur un type que M. Vermorel se propose de propager.

Le propriétaire exploite par vignerons à moitié fruit, et par vignerons à gages ou domestiques.

La surface concédée aux vignerons est de............ 28 h. 87 a. 36 c.

Le reste de la propriété, d'une étendue de........... 30 h. 85 a. 63 c. constitue la « Réserve » et est cultivé par des domestiques payés à l'année Nous aurons à revenir sur les conditions imposées à chacune de ces catégories de travailleurs.

Les terres exploitées se divisent ainsi :

Bâtiments		50 »	98
Parc	25	20	71
Vignes	43	00	80
Prés	13	34	95
Jardins		47	44
Avenues		29	04
Dessertes	1	43	65
Cours et aisances		38	43
Pièces d'eau		6	99
TOTAL	84	72	99

Nature du terrain.

De composition à peu près uniforme, les vignobles de l'Éclair, situés à une altitude de 210 à 225 mètres, sont en sol peu fertile, convenant bien à la culture de la vigne, mais offrant des difficultés à la reconstitution.

Le plateau est formé d'alluvions glaciaires, ou cailloux d'épuisement, empruntés principalement à l'oolithe inférieure ou bajocien. De nombreuses carrières, à Cogny, Theizé, Jarnioux, le dominent. Le sol, éminemment caillouteux, est formé de terrains de transport dont le calcaire a été dissous par les pluies et n'a laissé que des rognons siliceux, dits *charreyrons*, inattaquables aux agents atmosphériques.

A une profondeur variable, on rencontre des couches argileuses s'opposant à l'assainissement du sol arable et qu'il a été souvent nécessaire de drainer par des défoncements, des rigoles et fossés ouverts ou comblés.

Des échantillons de terrain, prélevés en différents points, ont donné à l'analyse les résultats moyens suivants :

Poids du mètre cube de terre	1163 00
Cailloux calcaires	0 00
Cailloux siliceux	27 07
Eau au maximum	2 90
Humus	0 51
Sels calcaires	1 31
Argile	6 20
Sable	63 49
Azote p. 1000	0 57
Acide phosphorique	0 68
Potasse	2 74
Sulfate de fer	0 75

État du vignoble avant et aprés la reconstitution.

Au moment de la prise de possession par M. Vermorel, la culture ne produisait plus rien. En 1889, toute la partie de Combes, une des meilleures en rapport actuellement, comprenant 11 hectares 63 ares, n'avait donné que quatre sacs de blé au propriétaire, et le fourrage, pré, trèfle, maïs, nourrissait quatre vaches, deux chez chaque vigneron. Le propriétaire, abandonnant toute production, avait les impôts à payer, et les vignerons, ne pouvant plus vivre, s'en rapportaient à leur maître du soin de subvenir à leur entretien, attendant que des indications précises leur fussent données concernant les nouvelles méthodes de reconstitution.

Cette reconstitution s'imposait. Dans ces terrains caillouteux, toute autre culture que celle de la vigne ne peut donner que de maigres résultats; aussi, l'ancien propriétaire, éloigné de sa propriété, mal placé pour la reconstituer, se décidait-il à la vendre. C'est sur ces terrains abandonnés à la jachère, improductifs, qu'après une reconstitution méthodique, on obtenait à la récolte de 1896, sur certaines parties, un rendement de 144 hectolitres à l'hectare.

Presque toutes les parcelles achetées étaient aussi vouées à l'abandon ; une grande partie de Bois-Franc était en friches, la partie des Sapins, en prairies sèches et improductives. La presque totalité des vignes restantes était phylloxérée, ou plantée en Othello et Petits-Bouchets destinés à disparaître. C'est à ce tableau désolant que succède aujourd'hui l'aspect de ces vignes luxuriantes qui rendent aux vignerons, si durement éprouvés, la légitime rétribution de leur travail, de leurs soins et du concours dévoué qu'ils ont apporté au nouveau propriétaire dans l'œuvre de la reconstitution.

Plantation.

Aussitôt après l'achat, M. Vermorel prit ses dispositions pour la plantation. Tous les défoncements, ou minages, furent faits à la main. Ils étaient seulement possibles ainsi dans ces terrains rocailleux, et permettaient d'ameublir convenablement le sol, de détruire les bancs argileux ou marneux qui s'opposaient à sa perméabilité. On en profitait pour retirer les gros cailloux qui, plus tard, auraient pu empêcher la bonne exécution des façons culturales, tout en nuisant à la végétation. Les défoncements ont tous été exécutés à l'automne et pendant l'hiver, lorsque la main-d'œuvre est moins rare, le travail plus facile. L'hiver, avec sa succession de gel et de dégel, permet à la terre de s'aérer, en même temps qu'un tassement favorable se produit pour la plantation future.

Le propriétaire est absolument partisan, dans toutes les terres peu riches en humus, des fumures de défoncement. Lors des minages, il enfouissait jusqu'à 100.000 kilos de fumier de ferme à l'hectare.

Aussi, avons-nous vu des vignes de 3 ans donner 55 hectolitres de vin à l'hectare. Depuis, le fumier ne cesse pas d'être distribué, mais évidemment à une dose moins forte. Chaque vigneron possède deux vaches, et doit utiliser sur la partie qu'il cultive, soit 3 hectares environ, tout le fumier produit, près de 20.000 kilos par an. Il partage son terrain de façon à ce que chaque parcelle reçoive une fumure tous les 3 ans. En agissant ainsi, chaque cep est fumé à la dose de 3 à 4 kilos à chaque opération, quantité suffisante dans ces sols déjà riches en azote et en potasse.

Est-il nécessaire d'ajouter que les engrais chimiques viennent servir chaque année de complément aux fumiers de ferme? Ce complément est donné par un mélange de 7 à 800 kilos de superphosphate avec 2 à 300 kilos de sulfate de potasse à l'hectare, environ. Quant aux parties faibles, elles sont relevées au moyen des nitrates de soude.

Aucun amendement n'est pratiqué ; les vignerons transportent simplement au sommet des vignes en pente les terres entraînées par les eaux pluviales. Ce travail s'exécute aussitôt après les vendanges, pendant les journées d'automne.

Sans doute, avec ces fumures, la vigne est vigoureuse, la végétation exubérante ; sans soins, il se pourrait qu'il y eût un manque d'équilibre entre la fructification et la végétation, surtout chez les greffes sur Vialla, mais une taille appropriée corrige facilement cette exubérance, et ce qui semblait un défaut est au contraire un avantage, surtout dans cette région où la grêle exerce souvent ses ravages et compromet la récolte de l'année suivante.

La forme de plantation adoptée est celle suivie en général dans le Beaujolais : disposition régulière, et plantation en carré.

L'écartement laissé entre chaque ligne est de 1 mètre, ce qui porte à 10.000 le nombre de ceps à l'hectare.

Le vignoble a été divisé en un certain nombre de parcelles, toutes numérotées et séparées les unes des autres par des dessertes ou charrois. Ces larges allées favorisent le transport des engrais, des produits anticryptogamiques, et sont d'un grand secours au moment de la vendange pour la circulation des charrettes chargées des bennes de raisins. Le nombre des « porteurs de bennes » est ainsi réduit au minimum, le parcours à faire étant au plus de 50 mètres. Ces dessertes sont établies tous les 100 mètres environ, englobant ainsi une surface d'un hectare de vigne.

Outre ces plantations faites en carré, M. Vermorel a établi dans chaque vigneronnage, — on appelle vigneronnage l'ensemble des vignes, terres ou prés concédés à chaque vigneron — une surface plantée en hautains ou vignes conduites sur fil de fer, et ceci afin d'assurer, dans tous les cas, à chacun une petite récolte, si les gelées printanières viennent à sévir. Le vignoble beaujolais est, en effet, assez exposé à ces gelées de printemps qui frappent surtout les vignes taillées en gobelets dont les raisins sont rapprochés du sol, et par conséquent plus exposés à la radiation, tandis qu'elles épargnent beaucoup plus les vignes élevées. Les lignes de hautains, ou vignes en cordons, sont espacées de 1 m. 50 et les ceps placés à 1 mètre sur la ligne.

L'orientation des rangs est du nord au midi, toutes les fois que cela est possible.

Enfin ce mode de plantation a été adopté, dans l'ensemble des vigneronnages de Bois-Franc, pour l'exécution des façons de vignes à l'aide des instruments à traction de cheval. Les distances sont les mêmes que pour les hautains.

PRINCIPALES OPÉRATIONS CULTURALES

Taille.

Deux tailles sont pratiquées : la taille en gobelets et la taille en hautains.

La première est faite sur les vignes échalassées. L'emploi des échalas rend facile le relèvement des rameaux et permet de faire les opérations culturales jusqu'aux vendanges. Le nombre des coursons varie avec la vigueur du cep : quelquefois, lorsque la végétation est exubérante, on laisse un long bois. La taille en gobelets a encore cet avantage de faciliter le remplacement par provins.

La taille pratiquée sur les hautains est une taille mixte. Chaque année, le cordon est remplacé par un long bois neuf, tandis que celui de l'année précédente est rabattu, et le reste du cep taillé à coursons. On obtient évidemment beaucoup plus de fruit par cette taille, mais un peu au détriment de la qualité et de la couleur. Les vins ont environ un degré d'alcool en moins que ceux obtenus sur les vignes taillées en gobelets, mais ce léger inconvénient disparaît devant les raisons sérieuses qui ont guidé le propriétaire à l'adopter. Nous avons cité d'abord le moindre risque de gelées de printemps. Il convient d'ajouter que les vignobles comme celui de l'Éclair, produisant seulement des bons vins ordinaires de consommation courante, et non des vins fins, l'acheteur fait peu de différence entre les vins obtenus sur vignes en hautains, et ceux provenant de vignes en gobelets.

La taille se fait à l'aide du sécateur ordinaire qui a remplacé la serpette, autrefois en usage, mais qui demandait une grande dextérité de la part du vigneron.

Échalassement.

Contrairement à ce qui se pratique dans le Midi, où toutes les vignes sont laissées libres pour conserver autant que possible au sol la fraîcheur que le climat rend nécessaire, elles sont, dans le Beaujolais, soutenues par des échalas jusqu'à 8 ou 10 ans. A partir de cet âge, on noue ensemble les extrémités des rameaux de deux ceps voisins, formant ainsi des lignes doubles, sortes de voûtes, appelées *cabanons*.

Chaque souche reçoit un échalas planté verticalement. Les échalas, bien que sulfatés, sont enlevés chaque année avant l'hiver et mis en tas sur de petits supports en fer de façon à leur éviter tout contact avec la terre humide.

Pour la conduite et le support des vignes sur fils de fer, on emploie des fers à T percés de quatre trous pour le passage de quatre rangs de fil n° 16. Le rang le plus rapproché du sol en est éloigné de 0 m. 35, les autres sont espacés de 0 m. 40. Les piquets laissent entre eux un intervalle de 6 mètres.

A chaque extrémité des rangs se trouvent des piquets avec arcs-boutants. Les uns et les autres sont le plus souvent montés sur des socles en béton ou en pierre, mais, par raison d'économie, un certain nombre sont simplement fichés en terre.

Labour.

Les labours sont exécutés à la fin de l'hiver. On les pratique aussi tard que possible, d'abord pour empêcher un débourrement trop précoce et diminuer ainsi les risques de gelées blanches, ensuite pour que les mauvaises herbes n'envahissent pas trop le sol ; il faut cependant procéder assez tôt pour que le terrain, une fois travaillé, reçoive avec profit les pluies du printemps.

Le labour est généralement fait à la main, au moyen de la houe fourchue à trois dents, ou plus communément avec le *bigot* ou pioche à deux dents. La terre soulevée est ramenée en arrière en petits tas coniques appelés « darbous » afin d'exposer à l'air le plus possible de terrain. Cette manière de procéder a ses partisans et ses adversaires. Elle est avantageuse si les façons sont exécutées avec soin, si ces « darbons », au deuxième labour, sont complètement abattus et uniformément répartis ; autrement elle est plutôt nuisible, car elle dissimule des travaux mal faits.

Sept hectares sur la partie de Bois-Franc sont labourés à la charrue, et les binages sont exécutés à la houe vigneronne. Bien que la plupart des propriétaires et vignerons du Beaujolais aient toujours été réfractaires à une innovation de ce genre, M. Vermorel a tenu à introduire dans son domaine la culture de la vigne à la charrue et à la houe, convaincu que la multiplicité des façons, l'élévation toujours croissante du prix de la main-d'œuvre et sa rareté obligeraient à recourir à ce mode de culture. Il a la même efficacité, il est beaucoup plus économique, et depuis longtemps, d'ailleurs, il est usité dans toute la Bourgogne, où les vignes sont plantées à des distances plus faibles et donnent des produits d'un prix généralement plus élevé.

Binage.

Le premier binage, destiné à détruire les herbes, briser la croûte du terrain et égaliser la surface, se pratique courant mai et juin. A Bois-Franc, on emploie pour ce travail un scarificateur à dents construit dans les ateliers de Villefranche. A l'arrière de ce scarificateur ou houe vigneronne, on adapte, en remplacement de deux dents, un racloir de 0 m. 70 de largeur, qui coupe toutes les herbes ayant pu échapper aux dents de l'avant. On obtient ainsi une excellente façon.

DESCRIPTION DU MODE D'EXPLOITATION

Surveillance.

L'exploitation du domaine est faite par vignerons à moitié fruit, domestiques et journaliers.

Un régisseur a la surveillance de la propriété, dirige les travaux, veille à leur bonne exécution et règle tout ce qui est relatif aux vendanges et au partage des fruits. Il a la charge du chai et de la cuverie, s'occupe des soins à donner aux vins pour leur bonne conservation, fait les soutirages et les expéditions, etc. ; en un mot, il a en mains les intérêts du propriétaire.

Vignerons à moitié fruit.

La culture par métayage ou à moitié fruit est la forme d'exploitation généralement acceptée dans le Beaujolais, et seuls les petits propriétaires de deux à trois hectares cultivent eux-mêmes leur domaine. Bien que tous les économistes s'accordent à dire que le métayage ou colonage partiaire — que l'on appelle vigneronnage en Beaujolais — soit la forme de culture des pays plutôt pauvres, ce n'est pas le cas pour le Beaujolais, où la situation générale est relativement aisée, malgré les désastres causés par l'invasion phylloxérique et qui partout ne sont pas réparés. Le vigneron, même aux dures époques de l'invasion, ne s'est pas laissé abattre, et, chaque fois qu'il a trouvé un propriétaire répondant à ses efforts, il s'est mis courageusement à l'œuvre. Il s'est solidarisé avec lui, à l'heure des déboires, comme il l'aurait fait à l'heure de la prospérité. Il a pu se maintenir sur le sol, arrachant la vigne pour la remplacer par des céréales et des prairies et reconstituant peu à peu chaque année.

Des conditions nouvelles, souvent rigoureuses, ont été introduites dans les baux, et il les a acceptées sans murmurer. Il s'est fait l'associé de son maître et cela explique son attachement au sol qu'il cultive. Il n'est pas rare de voir ainsi des générations se succéder sur le même domaine. M. Vermorel emploie plusieurs vignerons qui cultivent le même coin de terre depuis plus de trente ans. L'un deux travaille son lot depuis cinquante-huit ans.

Le vigneron du Beaujolais, sans arriver à la fortune, vit assez aisément et élève généralement une nombreuse famille. Quatre des vignerons de la propriété de l'Éclair ont cinq enfants et plus, et cependant ils ont eu à subir une suite d'années malheureuses,mais courageusement supportées. Ils vivaient alors à peu près exclusivement du produit de leurs vaches et de leur basse-cour. S'ils avaient eu à payer au propriétaire un fermage invariable pour chaque année, bonne ou mauvaise, sans aucun doute ils eussent été obligés d'émigrer. Avec le partage à mi-fruit, au contraire, ils peuvent supporter une année d'épreuves, la suivante pouvant largement les compenser.

Le domaine de l'Éclair ayant été reconstitué à peu près en bloc, l'attente de ses vignerons a été moins longue, et ils ont vu rapidement les années malheureuses se transformer en années de bonne production. Ils ne sont cependant pas exempts de toute épreuve et l'année 1897 qui vient de s'écouler leur en a fourni encore un exemple. En quelques minutes, le 2 juillet, la plus belle récolte que l'on puisse espérer a été anéantie par la grêle, et cependant, après les premières heures d'abattement, les vignerons ont repris avec courage leur labeur quotidien.

Les conditions de bail à la propriété de l'Eclair constituent pour le vigneron à mi-fruit une amélioration très sensible sur celles généralement en usage dans le Beaujolais.

Le bail n'a qu'une durée d'une année à dater du 11 novembre. Le vigneron s'engage à cultiver et à entretenir en bon père de famille la partie qui lui est confiée, à exécuter tous les travaux que nécessite la vigne : vendange, pressurage et enfûtage.

Les prés que comporte chaque vigneronnage donnent assez de foin pour la nourriture de deux vaches ; la paille nécessaire à leur litière est fournie au vigneron par le propriétaire. En retour, tout le fumier revient de droit à la propriété.

La redevance annuelle à verser au propriétaire est de :

100 francs et 10 livres de beurre par vache :

4 douzaines d'œufs et 4 poulets pour la basse-cour.

Tous les frais de vendange incombent aux vignerons.

Le règlement s'opère le 11 novembre de chaque année.

Le propriétaire fournit et répare les pulvérisateurs et soufreuses, donne tous les produits chimiques nécessaires aux traitements des vignes, le vigneron ne devant que sa main-d'œuvre.

Les échalas et les plants greffés ont tous été fournis par le propriétaire qui a dû créer, pour répondre à ce besoin, une importante pépinière de plants greffés.

Enfin, le vigneron doit laisser à son départ la totalité de la récolte en fourrages et regains de l'année, moyennant quoi la moitié des fruits de la partie qu'il cultive lui appartient.

Le partage des fruits, qui consistent presque exclusivement en vin, se fait au chai du propriétaire.

Chaque famille de vigneron habite un logement absolument distinct, habitation hygiénique, avec écurie, remise et cour indépendantes. Un petit jardin est donné à chacun d'eux pour y cultiver les légumes nécessaires à la consommation.

Il est intéressant de reproduire ici les parties essentielles d'un des baux les plus courants du Beaujolais. On constatera combien les charges du vigneron sont élevées comparativement à celles des vignerons du domaine de l'Éclair, que le propriétaire a tenu à favoriser pour s'assurer une main-d'œuvre dévouée et stable.

« Le présent bail est fait pour une année et sera renouvelé par tacite « reconduction, jusqu'à notification de congé, trois mois à l'avance. Les « frais de congé seront dans tous les cas à la charge du vigneron.

« Le vigneron ne fera aucun charroi sauf pour le service de son maître et « le sien, il fera sans aucune rétribution les charrois nécessaires aux cons- « tructions du domaine, du cuvier, des bâtiments concurremment avec les « autres vignerons.

« Il conduira le vin de son maître au port ou à la gare.

« Il fera à ses frais les réparations locatives ; il assurera à la Compagnie « qui lui sera désignée les bâtiments, son mobilier, son cheptel et paiera « la prime.

« Les pailles et foins nécessaires à la nourriture de deux vaches, ainsi que « les engrais, amendements, graines, seront achetés par le vigneron à qui le « bailleur remboursera à la fin de l'année la moitié de ses débours dûment « justifiés. Le bailleur avancera les impôts et achètera les échalas dont le « vigneron lui remboursera la moitié à la même époque. Si le preneur vient « à quitter le domaine, pour une cause quelconque, il n'aura droit à aucune « indemnité pour échalas dont il aura payé la moitié et qui resteront au « domaine, ni pour travaux ou améliorations.

« Le preneur fournira chaque année 2.000 chapons de bon choix.

« Le présent bail est fait sans frais, à la demande du preneur qui s'engage, « si le bailleur juge à propos de le faire enregistrer, à lui rembourser les « droits doubles, droits et amendes auxquels il pourrait être assujetti. »

Comme on peut le remarquer, ce bail ne parle guère que des obligations et charges du preneur, la question de culture est à peine effleurée, le vigneron s'engageant à cultiver en bon père de famille.

Domestiques-vignerons.

Le domaine de l'Éclair comprend une partie dite « la Réserve » que le propriétaire exploite directement à l'aide de domestiques-vignerons à gage. Cette Réserve, d'une surface de 30 hectares environ, est considérée par le propriétaire comme un champ de démonstration sur lequel sont mises en pratique les méthodes reconnues bonnes et que, par apathie ou indifférence, les vignerons hésitent à employer.

C'est sur la Réserve que les labours à la charrue, les binages à la houe, les pulvérisations par les appareils à grand travail sont exécutés. Comme, au vu et su des vignerons, les dépenses sont moins élevées, les rendements généralement plus considérables qu'ailleurs, ce vaste champ de démonstration est une école permanente à laquelle tous viennent s'instruire. Ils pratiquent ensuite sur leur vigneronnage, s'ils y trouvent profit, ce qu'ils ont vu faire à la Réserve. C'est ainsi que depuis deux ans l'emploi de la houe à cheval s'est beaucoup répandu dans les communes avoisinant le domaine de l'Éclair et il est certain que les autres bonnes méthodes se généraliseront aussi puisque chacun aura pu en constater les avantages.

Les gages des domestiques-vignerons varient entre 800 et 1.000 francs. Ils ont droit, en outre, de tenir deux vaches dont la nourriture est assurée par la récolte d'un hectare de prairie qui leur est concédé gratuitement par le propriétaire. Celui-ci leur fournit également la paille de litière sans aucune rétribution. Enfin, ils sont logés dans une habitation propre et aérée, avec cour et jardin, dont nous donnons plus loin la description et les plans (Planches V et XIII). Au moment des pressurages, ils sont autorisés à prendre le marc nécessaire à la fabrication de la boisson de l'année ; la plupart reçoivent une pièce de vin.

Ils doivent, en retour, tout leur travail au propriétaire et s'engagent à tenir la partie du vignoble qui leur est confiée dans un parfait état de propreté tout en y pratiquant les travaux nécessaires au bon entretien et à la défense contre les maladies cryptogamiques.

A la vendange, ils surveillent les vendangeurs et les nourrissent, moyennant une rétribution de 2 francs par personne et par jour.

Ils sont engagés pour une année à partir du 11 novembre, engagement renouvelé par tacite reconduction, jusqu'à notification de congé, trois mois à l'avance.

Le domestique économe peut, à ces conditions, réaliser en peu de temps le petit capital qui lui sera nécessaire pour devenir, à son tour, vigneron à moitié fruit. Il s'attache d'ailleurs à sa vigne, aime à la suivre dans les diverses phases de son développement, prenant un soin jaloux de sa propreté : aussi peut-on dire qu'il n'est domestique que de nom, car il jouit de la plus large initiative, vivant tranquille au sein de sa famille et embrassant d'un regard le champ de ses occupations.

Organisation des vigneronnages. — Répartition du travail.

Le travail de la propriété a été distribué de façon que chaque vigneron ou domestique suffise à sa tâche sans le secours de journaliers. Au moment de la reconstitution, que M. Vermorel a désiré faire aussi rapidement que possible, il n'en était cependant pas ainsi, et de nombreux ouvriers ont travaillé aux défoncements et à l'entretien des jeunes plantations. Aujourd'hui, les seuls travaux payés supplémentairement sont parfois — et aussi rarement que possible — quelques journées de femmes pour les accolages, sur les parcelles confiées aux domestiques vignerons.

Rémunération de travaux spéciaux. — Défoncements. — Vendanges.

Les défoncements se sont faits en grande partie à l'entreprise.

Les prix donnés varient beaucoup avec le terrain et la difficulté du travail. On paye la bicherée du pays, soit 1.055 mètres, 60, 65 et même 80 francs pour quelques parties. Quant aux journaliers, les hommes se payent de 3 fr. 25 à 4 francs, et les femmes de 2 à 3 francs par jour, sans être nourris.

A l'époque des vendanges, il n'est pas rare de voir varier ces prix du simple au double, surtout dans les années de forte récolte.

Trois catégories de vendangeurs sont employés : 1° les coupeurs de raisins ; 2° les videurs ; 3° les porteurs. Les premiers coupent le raisin des deux côtés de la rangée de vigne dans laquelle ils opèrent. Ils sont ordinairement, pour un même chantier, au nombre de 12 à 15. Les raisins sont mis dans de petits baquets en bois appelés « jarlots ».

Les videurs ont pour mission de parcourir le rang des coupeurs de leur troupe et de les débarrasser de leurs *jarlots* pleins. Ils les vident dans une petite benne appelée « bennot », qu'ils portent, une fois plein, dans des « bennes » disposées de loin en loin, généralement à gauche et à droite de la ligne des vendangeurs, quelquefois au centre. Ce sont ces bennes que deux porteurs chargent une à une sur leurs épaules et portent en dehors de la vigne, dans les dessertes ou charrois. Les porteurs doivent également aider à charger les charrettes et veiller à ce que les videurs ne manquent jamais de bennes vides. Entre temps, lorsque leurs chantiers sont pourvus, les uns et les autres passent derrière les coupeurs pour cueillir les raisins oubliés.

Contrairement à ce qui se passe dans presque toute les régions viticoles où des troupes sont louées à un prix déterminé pour le temps des vendanges, dans le Beaujolais, une place ou marché est établi dans chaque commune formant un centre viticole : Liergues, pour la propriété de l'Éclair. Là, chaque matin, on loue à un prix très variable, à débattre avec eux, des vendangeurs pour la seule journée courante. La première troupe, qui est d'accord avec un propriétaire, fixe généralement, à 0 fr. 25 en plus ou en moins, le cours du jour.

L'aspect d'une place est curieux. Dès 3 heures 1/2 du matin, les troupes arrivent lentement sur le lieu de réunion, se comptent au fur et à mesure de leur venue ; les chefs les porteurs, font le tour de la place, scrutent les figures pour reconnaître ceux qui loueront du personnel, et les comptent soigneusement. Le cours sera élevé, en effet, si les propriétaires sont nombreux, proportionnellement aux vendangeurs disponibles ; ces derniers deviendront alors exigeants, et ne partiront qu'à un prix très élevé. En vain, le propriétaire essaye de les convaincre, leur offrant un moyen terme. Cependant le temps presse, depuis plus d'une heure on discute sans résultat. Alors un des embaucheurs, propriétaire ou vigneron, généralement éloigné du lieu de louage, se décide à traiter pour avoir son personnel rendu en temps utile à sa vigne. Le prix fixé a rapidement fait le tour de la place. C'est fini, le cours est établi et le marché vite débarrassé.

Si, au contraire, les propriétaires ou vignerons sont rares et les vendangeurs nombreux, c'est aux troupes de venir s'offrir à n'importe quel prix. C'est ainsi qu'au début des vendanges de 1896, à la propriété de l'Éclair, on payait les vendangeurs 2 francs et nourris, alors que personne ne vendangeait encore, lorsqu'à la fin, tous ayant besoin d'ouvriers, on dut atteindre les prix de 4 francs, 4 fr. 25 et nourris. L'usage du pays étant que les porteurs et les videurs soient payés double journée, ces ouvriers gagnaient donc jusqu'à 8 fr. 50, la nourriture et un litre de vin.

Ces personnes, toutes étrangères au pays, passent la nuit dans les granges ou les fenils, beaucoup dans des cafés, où on leur offre une botte de paille pour 10 centimes. A Liergues, un de ces établissements loge ainsi jusqu'à cinquante vendangeurs dans une même salle.

Les frais exorbitants que l'on est obligé de subir grèvent énormément le prix de revient de la récolte. En 1896, le montant des frais de vendange a été de 1 fr. 49 par hectolitre de vin, pour la réserve de l'Éclair.

VINIFICATION

Installation d'un cuvage et d'un chai. — Le cuvage.

Comme nous l'avons dit, en faisant l'acquisition du Convert et de ses bâtiments, M. Vermorel envisageait surtout la possibilité d'utiliser un grand local qui s'y trouvait, déjà aménagé en cuvage et cave.

Le cuvage mesure 5 m. 75 de longueur, sur 12 m. 40 de longueur dans œuvre. Le sol est bétonné et recouvert d'un glacis de ciment. La hauteur sous l'entrait de la charpente est de 6 m. 80, mais elle atteint 15 mètres au faîtage. La couverture est en tuiles.

Mais si ce nouveau local comprenait un cuvage, l'aménagement en était défectueux. Quelques cuves en mauvais état et cerclées en bois, réceptacles de microbes, prenaient place, à droite et à gauche, à côté de vieux pressoirs tombés en vétusté ; le sol était nu, avec de-ci de-là quelques empierrements. Les vins se comportaient très mal dans ce milieu où la propreté était presque impossible, et il n'était pas bien difficile d'expliquer la tourne ou la casse des vins qui se gâtaient souvent. Un remède énergique était nécessaire ; il fut appliqué immédiatement. Le nouveau propriétaire fit tout d'abord établir un bon dallage en ciment, avec une pente douce pour permettre aux eaux de se rendre vers des regards d'écoulement reliés aux égouts extérieurs par des canalisations souterraines. Il fut facile, dès lors, de faire des lavages abondants.

Matériel vinaire.

Toutes les vieilles cuves susceptibles d'être réparées furent cerclées en fer ; dix-neuf autres absolument neuves portèrent le nombre à trente-deux, formant deux rangées alignées de chaque côté du cuvier. Pour faciliter le nettoyage, elles sont toutes installées sur des dés en pierre. Au milieu de la large allée existant entre elles, une batterie de six pressoirs est installée (Planches VI et VII). Il restait à rendre facile la manipulation de la vendange.

La contenance des cuves est de 80 à 90 hectolitres. Seize d'entre elles n'ont qu'un fond sur lequel elles reposent, les autres sont fermées et peuvent servir, dans les années d'abondance, au logement du vin. Les cuves ouvertes sont munies d'une claie. Lorsqu'elles sont pleines de vendange et que la fermentation commence, ces claies sont maintenues sur le chapeau au moyen d'un appareil de serrage à vis, afin d'empêcher l'acétification en maintenant ce chapeau constamment immergé. Dans les cuves fermées, le fond supérieur a une ouverture, ou trappe, pour l'introduction de la vendange. Au bas de la cuve est établie une seconde porte semblable à celle des foudres, servant, celle-là, à retirer les marcs après avoir tiré le vin de la cuve. Les moûts, dans l'un comme dans l'autre système, se comportent bien. Néanmoins, au décuvage, le vin des cuves ouvertes est plus coloré que celui des cuves fermées. Cela tient, croyons-nous, à ce que les vignerons ont foulé au pied les premières ; mais au pressurage le contraire se produit, et, somme toute, l'avantage resterait, croyons-nous, aux cuves fermées où l'acétification du chapeau devient impossible, si on a bien eu soin de conserver un vide où s'accumule l'acide carbonique. Pendant le cuvage, dans le cas où la pression des gaz produits deviendrait trop forte, la trappe n'étant que posée sur l'ouverture supérieure se soulèverait d'elle-même, laissant échapper l'excès de pression et retombant ensuite dans son logement, par son propre poids.

La durée du cuvage est très variable, suivant la température extérieure et l'état de l'atmosphère. Bien souvent les vendanges se font en Beaujolais par un temps pluvieux ou froid. Aussi le propriétaire a-t-il posé comme règle que le décuvage se fera seulement lorsque l'aéromètre Baumé, plongé dans une éprouvette contenant le liquide de la cuve, marquera 0°.

Le sucre qui peut rester sera sûrement transformé en alcool par la fermentation en foudres, fermentation peu sensible d'ailleurs dans ces conditions de décuvage.

Un thermomètre enregistreur sert à indiquer les marches de fermentation. Un autre thermomètre à maxima, enfermé dans un étui en métal percé de trous, permet également de vérifier les températures aux différentes hauteurs de la cuve.

Transport et utilisation de force motrice.

A l'époque des vendanges, la main-d'œuvre est rare.

Le propriétaire songea alors à employer économiquement, pour élever ses vendanges, la force électrique produite par une petite dynamo qui sert à l'éclairage du château. Cette dynamo est actionnée par une machine à vapeur qui sert aussi à l'élévation de l'eau. Il la fit restaurer, installa une batterie d'accumulateurs, et s'occupa ensuite de l'organisation intérieure du cuvage. Le but à atteindre était de conduire le plus rapidement possible la vendange dans les différentes cuves. Autrefois, comme encore dans la presque totalité des cuvages du Beaujolais, les bennes pleines étaient amenées à bras d'hommes de la charrette à la cuve, où elles étaient culbutées.

Cette opération nécessite une grosse dépense en main-d'œuvre, et il en résulte une perte de temps considérable. Le moyen le plus économique est de conduire mécaniquement la vendange à la cuve. Le propriétaire songea d'abord à faire monter les bennes pleines de raisins par un élévateur placé au-dessus de la porte principale du cuvage. Arrivée à la hauteur du fouloir, la benne culbutait automatiquement. Le dispositif était ingénieux, exécutait rapidement le travail, mais la crainte qu'une des bennes vînt à se décrocher et occasionner un accident fit que M. Vermorel adopta définitivement un autre moyen. L'installation actuelle se compose : 1° d'une noria monte-charge ; 2° d'un récepteur muni d'un fouloir ; 3° de wagonnets roulant sur un petit chemin de fer construit sur une galerie faisant le tour du cuvier au-dessus des cuves ; 4° d'un moteur électrique ; 5° d'un appareil spécial destiné à indiquer au wagonnier de la galerie le numéro de la cuve du détenteur de la vendange qui devra être élevée (Planche VIII).

La marche à suivre est des plus simples : un vigneron arrive avec son chargement de bennes pleines ; il avertit, à l'aide d'un coup de sonnette, le wagonnier de sa présence en signalant le numéro de la cuve à remplir. Le vigneron verse alors sa vendange dans un réservoir, d'où l'enlève la chaîne à godets. Elle tombe dans le récepteur, est foulée et se déverse dans le wagonnet vide placé au-dessous du couloir du récepteur. Le wagonnier, pendant que le second wagon se remplit, conduit le premier dans la cuve du vigneron. Il n'a qu'à lui imprimer un mouvement de bascule et la vendange tombe dans un entonnoir qui recouvre une ouverture du plancher communiquant avec chaque cuve. Il pousse ensuite son wagon vide sur une voie de garage qui lui est destinée, et recommence avec le deuxième et troisième wagon ce qu'il vient de faire pour le premier.

Un coup de sonnette lui indiquera qu'un nouveau vigneron se présente et que, par conséquent, il devra décharger la vendange dans une autre cuve.

Ce système, d'une grande simplicité, a permis de rentrer en 1896 jusqu'à 80.000 kilos de vendange dans une seule journée. De là une grande économie de main-d'œuvre, en même temps qu'une plus grande rapidité de travail.

Une pompe munie de tous ses accessoires permet de conduire directement au foudre le vin de la cuve ou du pressoir. Une deuxième pompe électrique supprime encore les deux hommes nécessaires au fonctionnement de la première, au moment où la main-d'œuvre est si rare.

Ces pompes, montées sur roues, se déplacent aisément, pour diminuer autant que possible la longueur du tuyau d'aspiration. Leur débit varie entre 4.000 et 6.000 litres à l'heure. Un avertisseur électrique prévient l'ouvrier lorsque le fût est presque rempli.

Pratique de la vinification.

Lorsqu'on a tiré le vin de goutte, on commence le pressurage. Un homme entre dans la cuve dont on a enlevé la claie avant le décuvage, et, armé d'une fourche, il remplit de marc des *jarlots* qui sont portés au pressoir par un aide. Pour faciliter le travail, on établit un chantier entre le pressoir et la cuve : ce sont des planches qui reposent sur des tréteaux de hauteur telle que le porteur atteigne aisément le bord supérieur de la cuve. Le marc est distribué à l'intérieur de la cage en couches uniformes. Quand le pressoir est chargé, on donne une première pressée, puis on enlève la claie et on retaille le gâteau. Le marc détaché par le couteau est rejeté sur la motte et régulièrement éparpillé à la main. On donne ensuite une deuxième pressée sans la claie. Elle est suivie d'un deuxième retaillage et d'une troisième pressée. Le marc reste vingt-quatre heures sur le pressoir.

Le vin de presse est recueilli dans un envier engagé sous la goulotte du pressoir. Il est partagé en deux lots égaux et mêlé avec le vin de goutte.

Une partie du marc est utilisée par les vignerons à la fabrication de piquettes pour la consommation de leur famille et la plus grande partie vendue à la distillerie.

Le chai.

Le chai occupe la deuxième partie du bâtiment, il n'en a pourtant pas toute la longueur. A l'une des extrémités, on a séparé un magasin à outils et un atelier de tonnelier pour réparation de la petite futaille ; de l'autre côté, un laboratoire et une grande pièce servant de bibliothèque et de bureau, empêchent le chai de recevoir les rayons du soleil.

Le chai a 32m 80 de longueur sur 12m 10 de largeur. En dessous étaient creusées six citernes de 160 mètres cubes de capacité chacune, accessibles par des regards ménagés à la surface.

M. Vermorel n'étant pas partisan, pour le Beaujolais, de la conservation du vin en citerne, a fait condamner ces regards, de sorte que ces citernes ne sont là que pour recevoir, s'il le fallait, l'excédent d'une récolte extraordinaire en cas de mévente.

Comme le cuvage, le sol est bétonné et recouvert d'un glacis de ciment. Un plancher continu, établi à 4^{m} 40 de hauteur, isole le chai de la partie supérieure. Les poutres qui le supportent sont soutenues en leur milieu par des poteaux et des planchers en bois. Deux portes seulement donnent accès dans le chai : l'une s'ouvre dans le parc, l'autre dans le cuvage. Ce chai est placé dans de bonnes conditions pour conserver une température constante : il est construit sur des citernes voûtées, protégé sur trois de ses faces, par d'autres locaux et surmonté de vastes appartements ; enfin les ouvertures sont réduites au minimum.

Il abrite 27 petits foudres, de 56 hectos (26 pièces), alignés sur trois rangs parallèles, séparés par des passages de 2^{m} 50, et trois foudres plus grands, de 95 hectos, adossés au mur sud. Les premiers sont supportés par des chantiers en bois qui reposent sur deux colonnes seulement : l'une devant, l'autre derrière. Ces colonnes ont 0^{m} 18 au sommet, 0^{m} 15 à la base ; leur hauteur est de 0^{m} 95. Elles pèsent 68 kilogs. Elles sont solidement scellées sur une hauteur de 0^{m} 20 dans le béton qui recouvre les voûtes des citernes ; leur hauteur au-dessus du sol est donc seulement de 0^{m} 75. Ce système de support des foudres ne manque pas d'originalité et présente une certaine hardiesse. Il a l'avantage de dégager le dessous et l'intervalle des foudres pour le logement des futailles du pays, nécessaires pour la vente du mi-gros. On peut facilement placer sur tins ou chantiers deux pièces entre chaque foudre. Le propriétaire a réuni les uns aux autres les chantiers postérieurs de chaque rang par des bandes de fer méplat, boulonnées à leurs extrémités. La même précaution n'a pas été prise en avant, pour ne pas gêner le passage entre les foudres. Les trois foudres plus grands, logés au bout du chai, sont supportés par des murettes de pierre.

Chaque foudre est muni d'un tâte-vin ou dégustateur pour l'échantillonnage, et d'un petit tableau ardoisé qui permet de noter les observations à conserver : époque des méchages, soutirages, etc.

Deux bascules, l'une portative, l'autre enterrée, sont utilisées au pesage des futailles.

Une étuveuse pour les foudres permet la stérilisation complète sous pression de la futaille de transport et de conservation. Tous les appareils nécessaires aux soins à donner aux vins et aux entonnages complètent l'installation.

Un grand réservoir placé au-dessus du bâtiment de la machine à vapeur fournit l'eau, élevée par une pompe actionnée à la vapeur, et mise aux différents services du parc, du château, du cuvage et du chai. Un long tuyau en caoutchouc, muni d'un jet, vient s'adapter à un robinet placé à l'entrée du cuvage, et qui donne partout en abondance l'eau nécessaire au lavage, au nettoyage du sol et des vases vinaires. C'est surtout à l'époque des vendanges et des pressurages, au moment du chargement des pressoirs, de l'enlèvement des marcs, etc., que l'on fait des lavages à grande eau. Outre que cette pratique entretient la propreté si nécessaire à la bonne tenue des vins, le sol étant presque toujours mouillé maintient dans le cuvage une bonne fraîcheur.

Les dépenses occasionnées par ces différentes installations sont déjà en partie couvertes par l'économie de main-d'œuvre réalisée dans toutes les manipulations.

Dans le même corps de bâtiment se trouve un petit laboratoire où sont réunis tous les instruments pour l'analyse des moûts et des vins, pour la détermination de leur couleur, acidité, degré, etc. Un microscope, un jeu de loupes, servent à étudier les maladies de la vigne et en connaître la nature ; enfin une série de réactifs et d'acides permettent d'analyser les terres et les engrais.

Bâtiments d'exploitation.

Les bâtiments d'exploitation ont été également l'objet de la préoccupation du propriétaire. Nous avons vu que chaque vigneron ou domestique possédait une demeure absolument distincte. Une petite cour, fermée par des murs en maçonnerie, cimentés, et suffisamment élevés, le laisse bien chez lui (Planche XIII). En dessous de l'habitation, à laquelle on accède par un escalier extérieur, se trouvent la cave et la laiterie. En face, de l'autre côté de la cour, l'écurie des vaches et une grande remise pour le matériel viticole et les tombereaux ou charrettes. Au premier, le fenil.

Pour suivre le plan qu'il s'était tracé, de loger ses vignerons au centre de leur travail, le propriétaire dut faire construire quelques maisons d'habitation : notamment à Bois-Franc et aux Sapins, deux parties de la propriété trop éloignées des logements disponibles. Il se proposa de le faire le plus économiquement possible, tout en laissant à l'habitation le confortable, l'aisance et surtout la salubrité si nécessaires, et cependant si souvent négligées dans les constructions rurales. Il fit donc part de ses desiderata à plusieurs architectes. Ceux-ci lui remirent chacun leur plan et devis dont l'un s'élevait à

15,000 fr., alors que M. Vermorel estime qu'on ne doit pas dépasser 6 à 7,000 fr. pour le logement confortable d'un vigneron. Après quelques modifications, l'un d'eux fut adopté et immédiatement mis à exécution : un seul corps de bâtiment qui comprend, au rez-de-chaussée, une cave, une remise pour les instruments et outils agricoles, et l'écurie. Le sol de la cave et celui de l'écurie sont bétonnés avec chape en ciment. Des pentes et des rigoles ont été ménagées dans cette dernière pour l'écoulement des purins et des eaux de lavage. Le plancher est en fer avec briques cintrées recouvertes d'un béton et d'un dallage en ciment. Ce système est de beaucoup préférable aux planchers en bois utilisés généralement et qui deviennent mauvais à la longue. Les émanations des fumiers les traversent alors, gâtent les fourrages, ou leur donnent tout au moins une mauvaise odeur. Souvent également, comme nous avons pu le constater maintes fois, ils tamisent de la poussière qui tombe dans les rateliers, les mangeoires, et quelquefois même dans les yeux des animaux. Rien de pareil avec le plancher adopté. Une ouverture y est ménagée pour donner le foin dans les rateliers (Planches V et XIII).

On accède au premier étage par un escalier extérieur qui laisse en dessous un logement pour le charbon. La porte d'entrée donne dans la cuisine : c'est la pièce principale de l'habitation, aussi est-elle également la plus grande, puisqu'elle doit servir de salle à manger, d'antichambre et de vestibule.

Deux chambres à coucher, dont les portes donnent dans la cuisine, pour éviter d'allumer plusieurs feux, peuvent recevoir un ameublement suffisant.

Dans un des coins de la cuisine se trouve la porte qui donne dans le fenil. Les quelques marches qui y conduisent ont leur cage dans le fenil même pour laisser à la cuisine toute sa grandeur. Nous savons déjà que le sol est cimenté; le fourrage s'y conservera donc absolument sain, et un nettoyage parfait peut être fait au moment de rentrer la récolte. Des fenêtres-portes sont ménagées dans les murs pour emmagasiner les foins et la paille.

Devant la maison, une cour entourée de murs, et à droite la mare ou abreuvoir qui consiste en une simple dépression du sol, dans laquelle viennent s'amasser les eaux pluviales.

Tel est l'aménagement de cette construction dont le coût ne dépasse pas huit mille francs, avec le puits et la clôture.

Deux grands réservoirs creusés en terre, et dont les parois sont revêtues de maçonnerie hydraulique, ont été établis par le propriétaire à l'extrémité est du plateau de Combes. Ces bassins reçoivent l'eau des hauteurs voisines et la distribuent, par des tuyautages souterrains, dans des tabourets cimentés construits de loin en loin, le long des dessertes des vignes. C'est là que les vignerons viennent chercher l'eau nécessaire aux sulfatages.

Comme on le voit, il semble que rien n'ait été oublié pour favoriser la main-d'œuvre et économiser le temps, en donnant à chacun toutes les facilités nécessaires pour agir rapidement.

Rendements.

Le graphique (Planche X) établi avec les rendements totaux donne une idée exacte des variations de production.

De 1883 à 1889, chez l'ancien propriétaire, les récoltes baissent chaque année, tandis qu'à dater de l'acquisition elles croissent constamment pendant les sept années suivantes. Une dépression assez forte se produit bien en 1895, mais elle est due à la grêle qui anéantit une partie de la récolte, au moment même de la vendange, et aussi aux dégâts occasionnés cette même année par la Cochylis, surtout sur le plateau de Combes. Sans ces causes inhérentes à la culture, le rendement eût été, d'après les prévisions, d'environ 1.000 pièces, soit 2.200 hectolitres, et la courbe des rendements aurait suivi la marche constamment ascendante indiquée en pointillés sur le graphique.

Le tableau ci-dessous résume cette production :

	1882	1883	1884	1885	1886	1887	1888	1889	1890	1891	1892	1893	1894	1895	1896
	hect.	hect.	hect.	hect.	hect.	hect.	hect.	hect.	hect.	hect.	hect.	hect.	hect.	hect.	hect.
Réserve du propriétaire..	7	88	22	17	33	13	79	44	85	107	152	570	495	345	1544
Production des vignerons.	237	545	149	130	119	48	61	42	143	259	264	530	1051	501	2114
Rendement total......	244	633	171	147	152	61	140	86	228	366	416	1100	1546	846	3658

Bon nombre de vignes n'ayant encore cette année que 2 et 3 ans, tout fait prévoir que leur production devenant plus forte, en avançant en âge, les rendements totaux ne pourront que s'accroître chaque année. C'est d'ailleurs ce qui ressort du tableau suivant qui donne la décomposition des 1.544 hectolitres de vin récolté dans la réserve du propriétaire. La vendange a été pesée très exactement par parcelles de différents âges sur 19 hect. 00 ares 18 cent. 5 hectares environ, sont encore en jeunes plants dont la récolte, insignifiante, n'a pas été pesée. L'hectolitre de vin était compté pour 136 kilos de vendange.

SURFACE cultivée.	RENDEMENTS			OBSERVATIONS.
	TOTAL	MOYENS A L'HECTARE		
	en kilog. de raisins.	en kilog. de raisins	en hectol. de vins.	
1 h 88 a 88	10,844	5,740	42	Vignes de 2 et 3 ans.
3 92 71	55,840	13,960	102	— de 4 à 6 ans.
3 87 25	61,707	15,930	117	de 6 ans.
1 88 04	36,832	19,580	144	de 6 et 7 ans.
4 83 13	25,882	5,360	39	— de 2 à 4 ans.
2 60 17	19,339	7,430	55	— de 3 ans.
19 00 18	210,444	11,076	81	Moyennes.

On peut ainsi constater que les récoltes varient parfaitement du simple au double. Sans doute la production de 144 hl. obtenue dans la vigne de 6 à 7 ans sera peut-être une exception dans notre pays beaujolais, mais le propriétaire estime qu'il pourra bien souvent s'en rapprocher en raison des fumures copieuses faites à la plantation. Nous avons résumé les chiffres du tableau précédent dans un graphique (Planche IX). La ligne en gros trait noir représente le rendement moyen de l'année.

Les parties du vignoble données à moitié fruit aux vignerons se tiennent, à peu de chose près, dans les mêmes proportions de rendement. En 1897, les vins ont titré entre 8° 5 et 9° 4 d'alcool.

Comptabilité.

Le genre d'exploitation par vignerons rend la comptabilité très sommaire. Les domestiques payés à l'année se font délivrer chaque mois des bons de payement. Les règlements définitifs se font au 11 novembre. Ces sommes sont absolument fixes.

Au débit des comptes figurent également les journées d'aide, qui deviendront de plus en plus rares, la reconstitution étant complètement achevée; l'achat des pailles de litière, en partie balancé par le fumier produit; celui des engrais chimiques et des fumiers supplémentaires; la fourniture des échalas, terminée cette année, toutes les vignes en étant pourvues; enfin, les réparations et fournitures diverses : sulfate de cuivre, soufre, raphia, etc.

Le compte créditeur a été établi pendant ces dernières années très rapidement, la vendange ayant été vendue au poids avant la mise en cuve.

La balance est donc des plus simples, et donne en peu de temps des résultats complets et définitifs.

Tous les travaux d'origine, tels que minages, fumures de défoncement, fournitures de cuves, pressoirs, foudres, pompes, etc., construction et réparations de vigneronnages, ont été considérés par le propriétaire comme travaux de premier établissement, dont le montant n'entre aucunement dans le prix de revient main-d'œuvre, mais dont la récolte supporte cependant un amortissement annuel.

Les dépenses pour l'année 1896 se sont élevées à 19.987 fr. 50.

La récolte du propriétaire, composée des 702 pièces de sa réserve, augmentées des 480 pièces, part laissée par les vignerons, lui ont produit une somme de 62.055 fr.

Son bénéfice reste donc de :

62.055 fr. — 19.987 50 = 42.067 fr. 50

duquel il faut diminuer l'amortissement des travaux de premier établissement. Dans une bonne année comme 1896, M. Vermorel a distrait comme amortissement une grosse somme, 20.000 fr., ce qui est un chiffre évidemment excessif. Malgré cela, il reste un bénéfice net de 22.067 fr. 50, chiffre déjà rémunérateur, mais qui ne pourra qu'augmenter, d'une part, par la diminution des travaux de main-d'œuvre, la suppression de diverses fournitures devenues inutiles ; d'autre part, par la diminution annuelle de l'amortissement du capital engagé, et aussi sans doute par l'augmentation probable des récoltes, si on tient pour constants les résultats probants consignés dans le tableau des rendements des vignes à leurs différents âges.

C'est ainsi que le propriétaire rentre dans ses déboursés, et voit avec plaisir un revenu tangible se joindre à la satisfaction d'avoir créé une propriété viticole là où existaient des terres en friches, et remplacé par l'aisance la situation précaire d'excellents travailleurs.

EXPLOITATIONS ANNEXES

Indépendamment du domaine de l'Éclair, M. Vermorel exploite trois autres propriétés de moindre importance. Ce sont les vigneronnages du Plageret et de Sottizon, confiés depuis peu de temps à des vignerons à mi-fruit, après avoir été longtemps exploités directement, et celui de Belleroche, cultivé par un domestique.

Vigneronnage du Plageret.

Le vigneronnage du Plageret, situé sur la commune de Vaux (Rhône), à 12 kilomètres au sud-ouest de Villefranche, a été constitué par deux achats successifs, faits : l'un en 1890, l'autre, beaucoup moins important, en 1894. La propriété, telle qu'elle se comporte aujourd'hui, occupe une surface de près de six hectares, ainsi divisée :

Prairies naturelles	2 h.	03	57
Vignes	3	39	72
Bois		28	70
Dessertes		11	00
Bâtiments		8	41
Total	5	91	40

Le terrain est granitique, propre à la culture de la vigne. Lorsque ce petit domaine a été acheté par M. Vermorel, il était à reconstituer à peu près complètement : les bâtiments, dans un état déplorable, menaçaient ruine, et dans ces conditions, il était impossible au propriétaire de laisser un vigneron entreprendre à ses risques et périls la culture à mi-fruit. Aussi, jusqu'en 1896, le Plageret a-t-il été exploité au compte du propriétaire ; ce n'est que depuis cette époque que le domestique est devenu vigneron à son compte, tous les aléas ayant été écartés et le vigneronnage étant aujourd'hui en bon rapport.

Le cépage cultivé est le Gamay, comme partout ailleurs dans le Beaujolais.

Les porte-greffes sont le Vialla et le Riparia; la supériorité du Vialla dans les terrains de ce vigneronnage est assez sensible. Une parcelle de vieille vigne française est conservée par des traitements au sulfure de carbone qui, dans cette commune, sont encore beaucoup pratiqués et d'une façon générale donnent de bons résultats.

Le vin récolté au Plageret est bien supérieur à celui du domaine de l'Éclair. Il a même obtenu un premier prix à l'exposition des vins de Belleville. Le prix de ce vin est plus élevé de 25 à 30 %; il est juste d'ajouter que les rendements sont un peu inférieurs.

Les bâtiments d'exploitation ont été presque complètement refaits à neuf par le propriétaire actuel.

Le cuvage, aménagé pour la production limitée de ce petit domaine, est un bâtiment rectangulaire de 6m 65 de longueur et de 8m 80 de largeur, dans lequel sont logées quatre cuves, deux d'un côté, deux de l'autre. Au fond, faisant face à la porte d'entrée, se trouve le pressoir.

La maison d'habitation, sous laquelle se trouve placée la cuve, est adossée à un talus, de sorte que le sol de la cave se trouve de plain-pied avec le chemin du côté de la porte et enterré d'environ trois mètres du côté opposé. Dans cette cave, les pièces de vins sont disposées sur quatre rangs; il en peut tenir environ 120.

Le tableau suivant donne les chiffres des rendements totaux, en hectolitres, depuis que la propriété appartient à M. Vermorel.

Années d'achat..	1890	1891	1892	1893	1894	1895	1896
Hectolitres..	40.75	21.5	47.3	165.55	90.30	111.80	268.75

Les diminutions de rendement de 1894 et 1895 sont dues à une sorte de Rougeot, décrit sous le nom de Maladie pectique.

Les conditions générales qui régissent l'exploitation des vigneronnages du domaine de l'Éclair sont appliquées au vigneronnage du Plageret.

La comptabilité, en raison du mode d'exploitation, est extrêmement simple.

En 1896, la valeur de la récolte a été de 7.890 fr., tandis que les dépenses se sont élevées à 2.434 fr. 15. C'est donc actuellement un vigneronnage d'excellent rapport, si l'on considère que l'acquisition, les constructions, les plantations et toutes dépenses de premier établissement, n'ont coûté que 50.619 fr. 95.

Vignerоnnage de Sottizon.

Le domaine de Sottizon est situé sur les communes de Gleizé et Limas, près Villefranche; il a été acquis en 1892, afin de constituer un vigneronnage avec deux parcelles qui provenaient de l'acquisition faite la même année.

La propriété se trouve aux portes de Villefranche; elle se divise ainsi :

Terres arables	1 h.	28	01
Prairies naturelles	3	87	57
Vignes	3	15	10
Bois		50	93
Dessertes		18	10
Bâtiments		14	21
Total	9	13	92

Ce domaine a été entièrement reconstitué en Gamay greffés sur Vialla et Riparia. La plus grande partie des vignes est conduite en hautains, à cause des gelées printanières qui sont souvent à redouter, et donne des rendements parfois considérables.

L'analyse du terrain a donné les résultats suivants :

Calcaire siliceux	p. 0/0	9.5
Cailloux calcaires		1.7
Eau au maximum		7.8
Humus		0.53
Sels calcaires		1.14
Argile		10.5
Sable siliceux		62.1
Azote	p. 1000	0.63
Acide phosphorique		0.20
Potasse		0.71
Oxyde de fer	—	20.4

Le cuvage est aménagé pour recevoir la vendange de Belleroche et des Roches, indépendamment de celle du vigneronnage. Il comprend deux pressoirs et cinq cuves.

La récolte a été en 1896 de 87 pièces de vin; pareille quantité était réservée au vigneron qui cultive maintenant à mi-fruit et se trouve, grâce à une bonne reconstitution et à son labeur, dans une situation très prospère.

Ces 87 pièces ont produit une somme de 3.915 fr.; les produits accessoires ont été de 200 fr., plus 300 fr. de fourrages portés au débit des vigneronnages de Liergues. Les dépenses annuelles à la charge du propriétaire ont été de 321 fr. 15 ; c'est donc un revenu de 4.093 fr. 85 pour un domaine qui a coûté moins de 50.000 francs, en y comprenant les dépenses du cuvage, qui est utilisé à la fois pour Sottizon et pour Belleroche.

Vignes de Belleroche.

Les vignes de Belleroche et des Roches, situées autour de l'usine de M. Vermorel, à Villefranche, sont cultivées par un domestique, qui reçoit un salaire annuel de 900 francs. Il est impossible de constituer ce lot en vigneronnage en raison des prises continuelles de terrain qui sont faites pour l'extension de l'usine. Les terrains ont été acquis en même temps que ceux sur lesquels sont élevés les bâtiments industriels. Il y avait environ 1 hectare 75 de vignes, en 1896.

Dans ces conditions, il est assez difficile d'établir un compte exact de recettes et dépenses.

La récolte de 1896, vendue en raisins, a produit la somme de 3.240 francs. Les dépenses annuelles (main-d'œuvre, impôts, produits chimiques), afférentes à ces vignes, ont été de 1.600 francs, et nous estimons que les frais d'acquisition et plantations ont été de 20.000 francs environ.

Environs de VILLEFRANCHE

Pl. I.

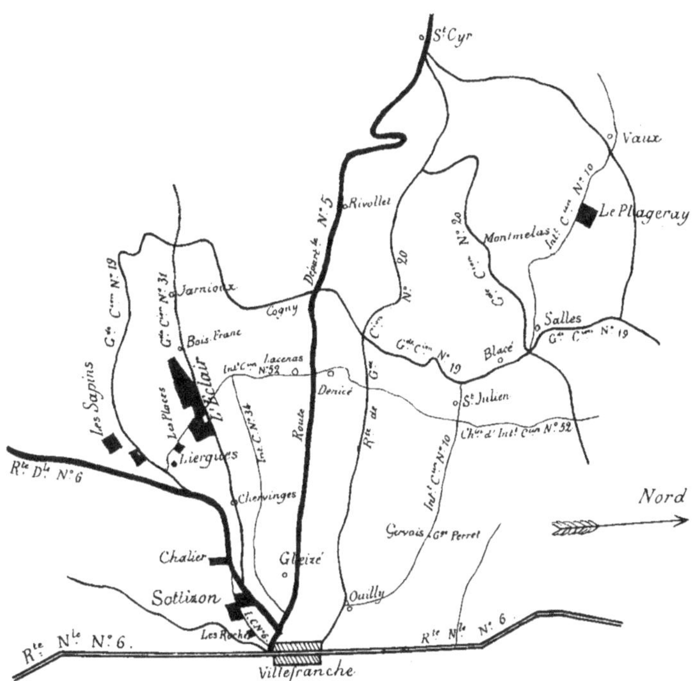

NOTA. — Les propriétés de M. VERMOREL sont désignées par une teinte noire.

Échelle métrique : $\frac{1}{100.000}$.

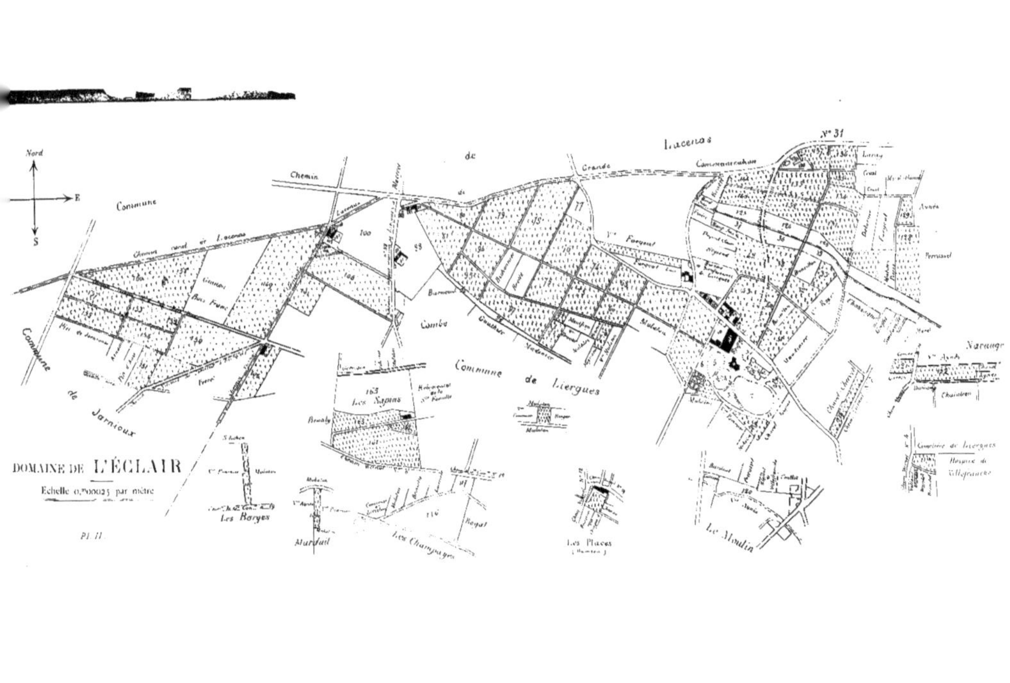
Nord
E
S
Commune
Chemin
de
Grande
Lacenas
Communication
N° 31
Commune de Liergues
Combe
Commune
de
Jarnioux
Les Sapins
Les Borges
Les Champagnes
Les Places
Le Moulin
Varange
DOMAINE DE L'ÉCLAIR
Echelle 0,m00025 par mètre
Pl. II.

Communes de Limas et de Gleizé
SOTTIZON
Echelle de 0m0003 p. 1 mètre.
Nord
B.
9 bis
Limas.
Gleizé.
P.
8
T.
9
Commune de Villefranche
LES ROCHES
Nord
Echelle de 0m0004 p. 1 mètre

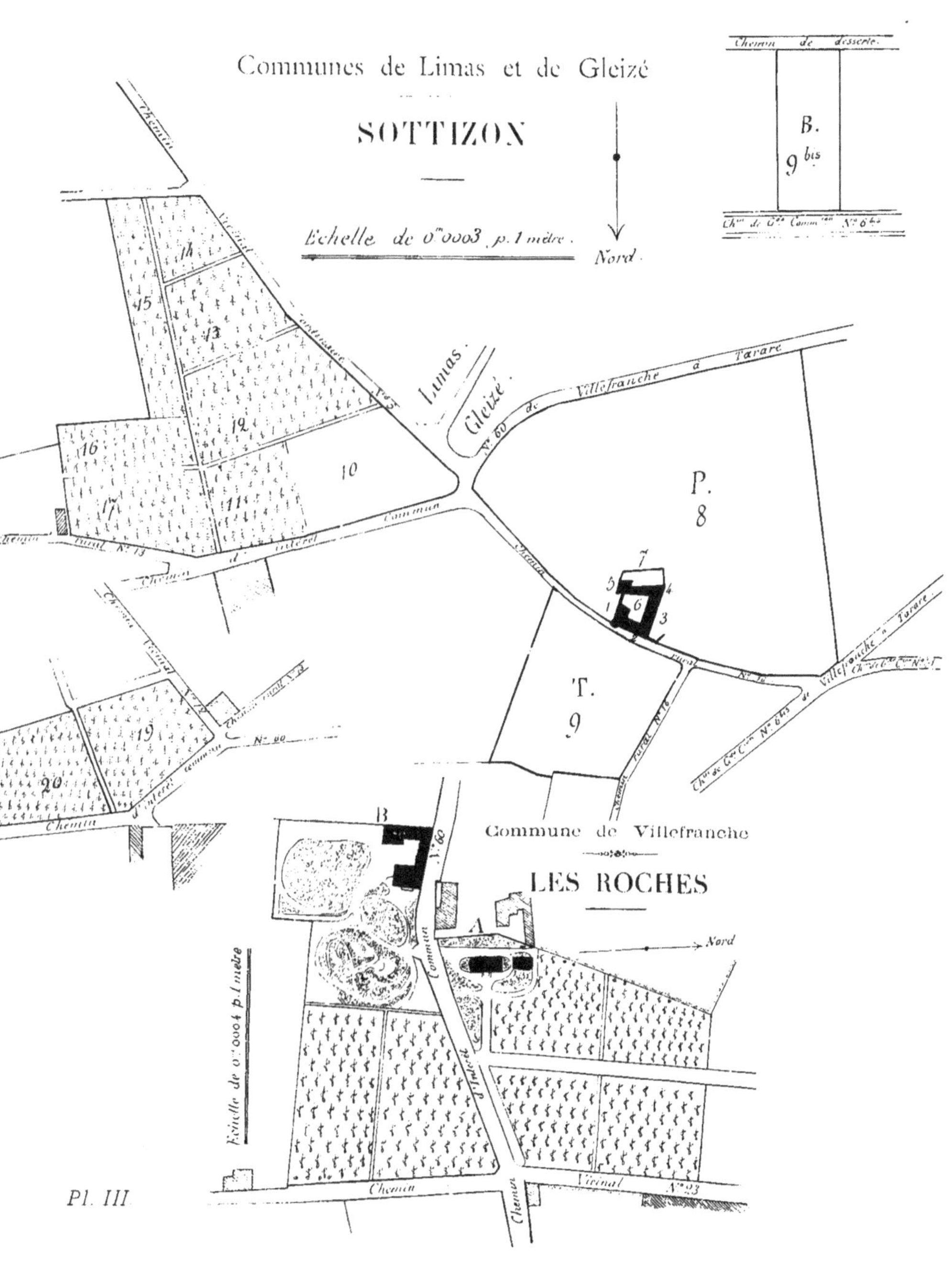

Pl. III.

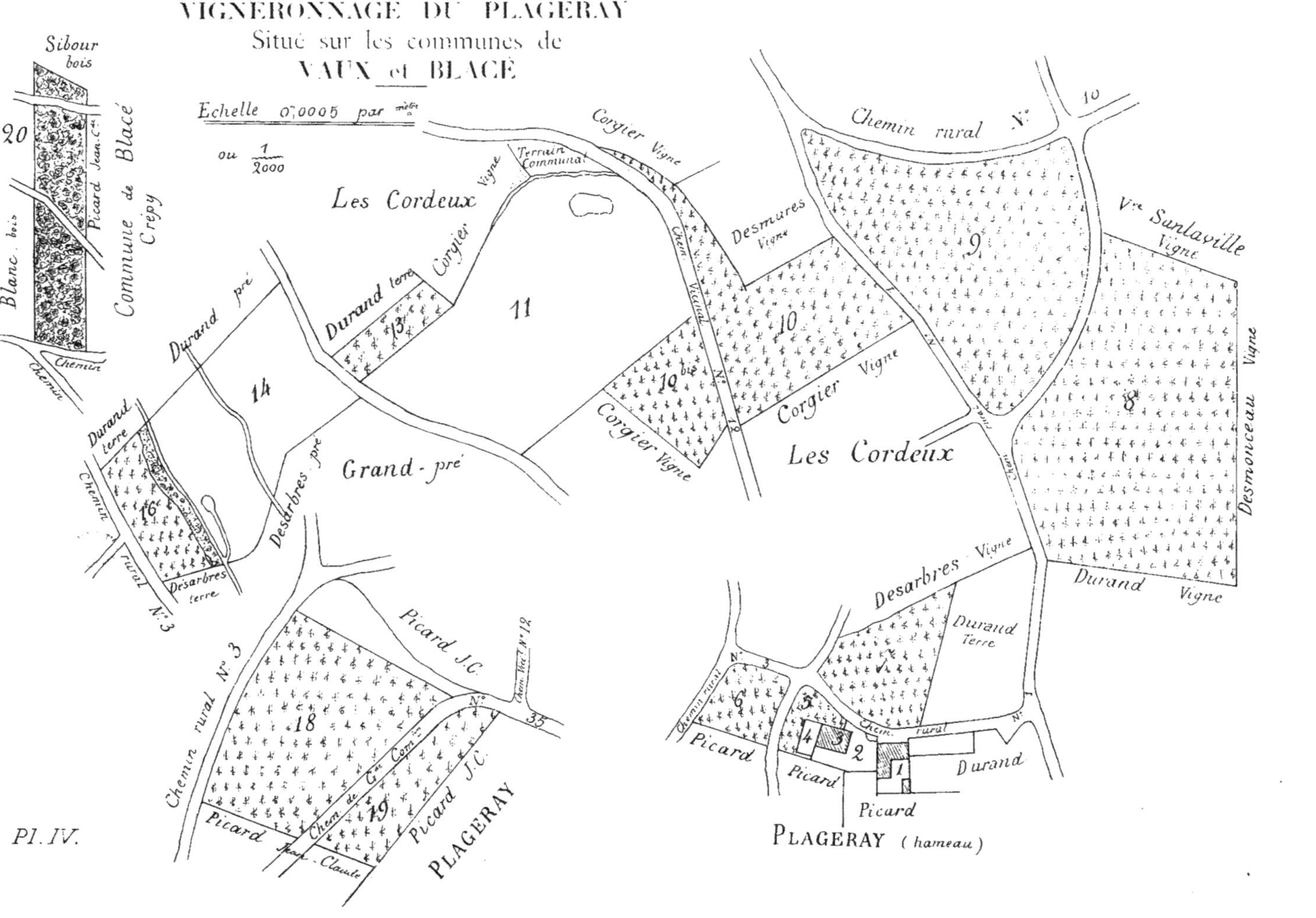
VIGNERONNAGE DU PLAGERAY
Situé sur les communes de
VAUX et BLACÉ
Echelle 0,0005 par mètre
ou 1/2000
Sibour bois
20
Picard Jean-Cde
Blanc bois
Commune de Blacé
Crépy
Chemin
Les Cordeux
Terrain Communal
Corgier Vigne
Corgier
Durand terre
13
11
Durand pré
14
Grand-pré
Desarbres pré
Durand terre
16
Desarbres terre
Chemin rural N° 3
Desmures Vigne
10
10 bis
Chem. Vicinal N° 12
Corgier Vigne
Les Cordeux
Chemin rural N°
9
Vve Sunlaville Vigne
8
Desmonceau Vigne
Durand Vigne
Desarbres Vigne
Durand Terre
Chem. rural N° 1
7
6
5
4
3
2
1
Picard
Durand
PLAGERAY (hameau)
Picard J.C.
Chem. Vicl N° 12
N° 35
18
19
Chem. de Gde Com.
Picard Jean-Claude
PLAGERAY
Pl. IV.

UN VIGNERONNAGE DU DOMAINE DE L'ÉCLAIR

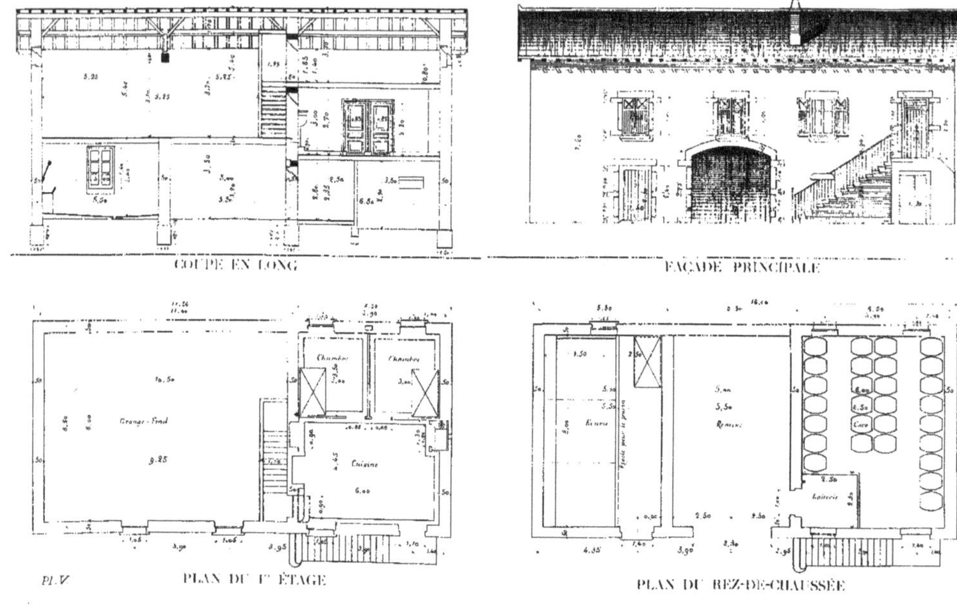

COUPE DU CUVAGE ET CHAI DU DOMAINE DE L'ÉCLAIR

DISPOSITION DES FOUDRES ET CUVES

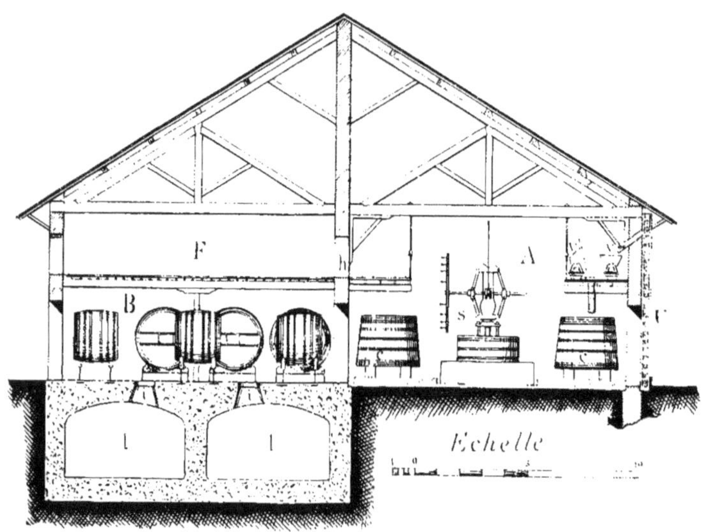

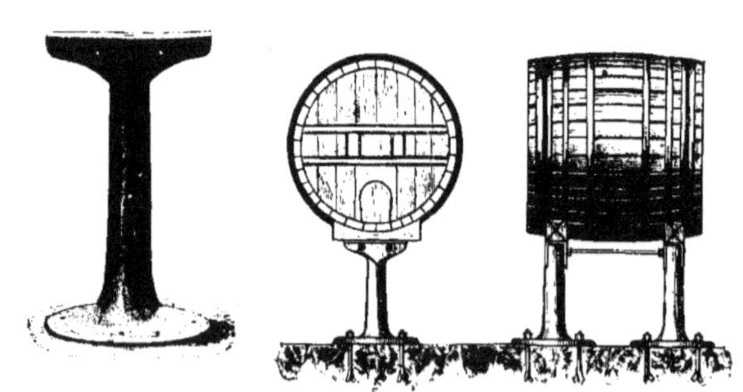

Pl VI

COUPE LONGITUDINALE

ET

PLAN DU CUVAGE ET CHAI DU DOMAINE DE L'ÉCLAIR

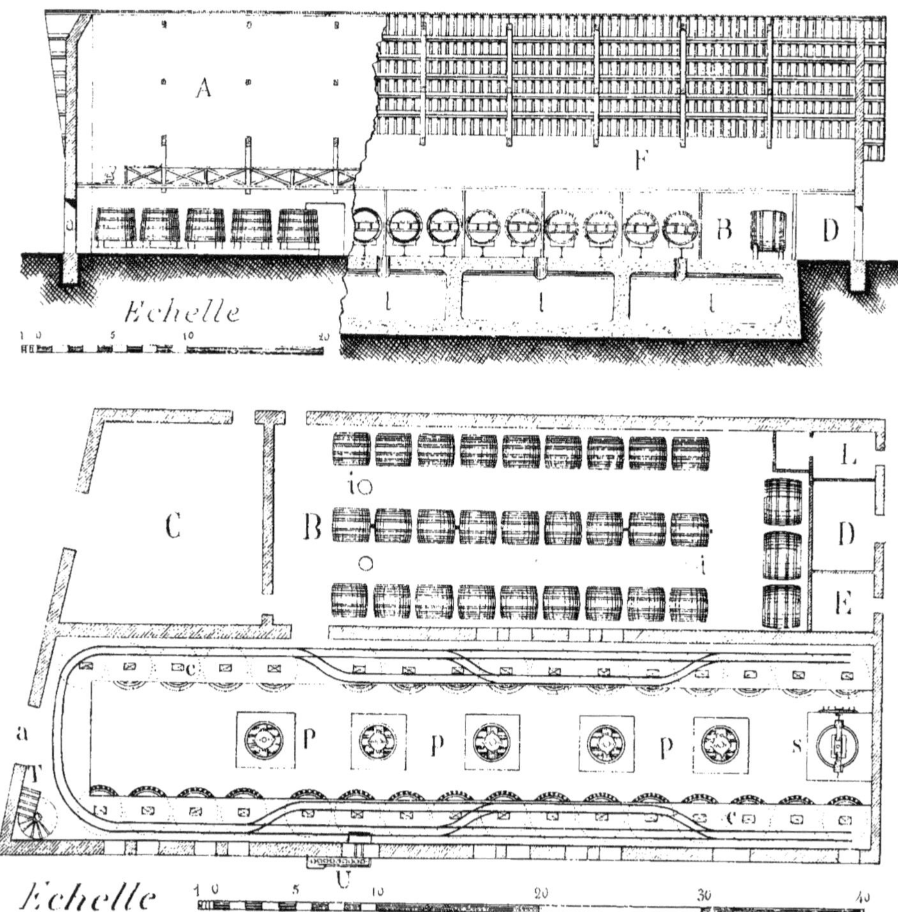

Pl. VII

DOMAINE DE L'ÉCLAIR

Elèvateur de Vendanges

mû par l'électricité

Pl. VIII.

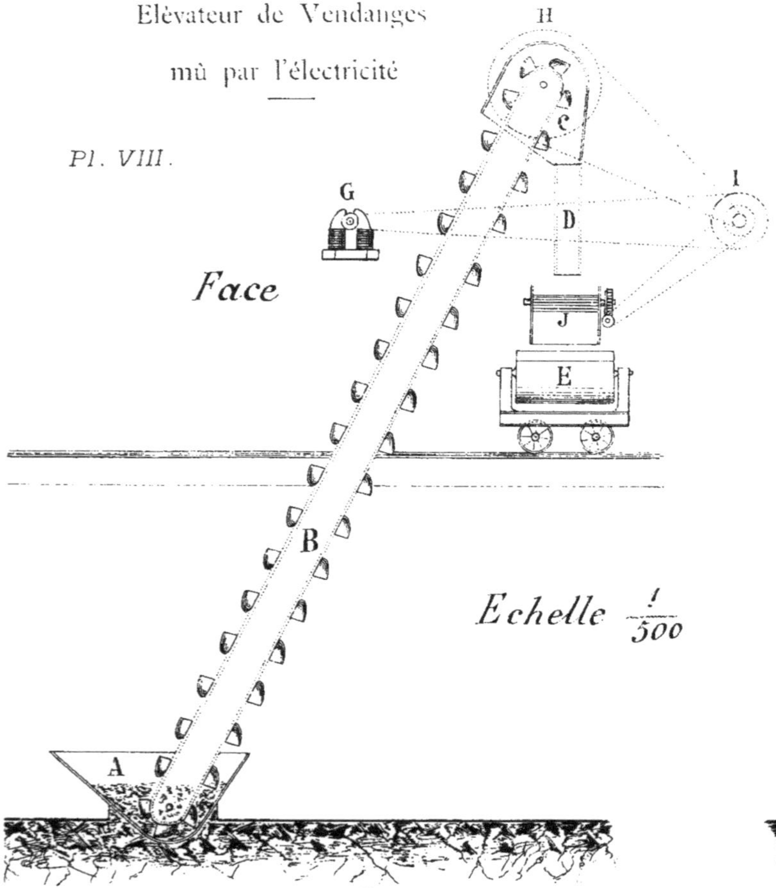

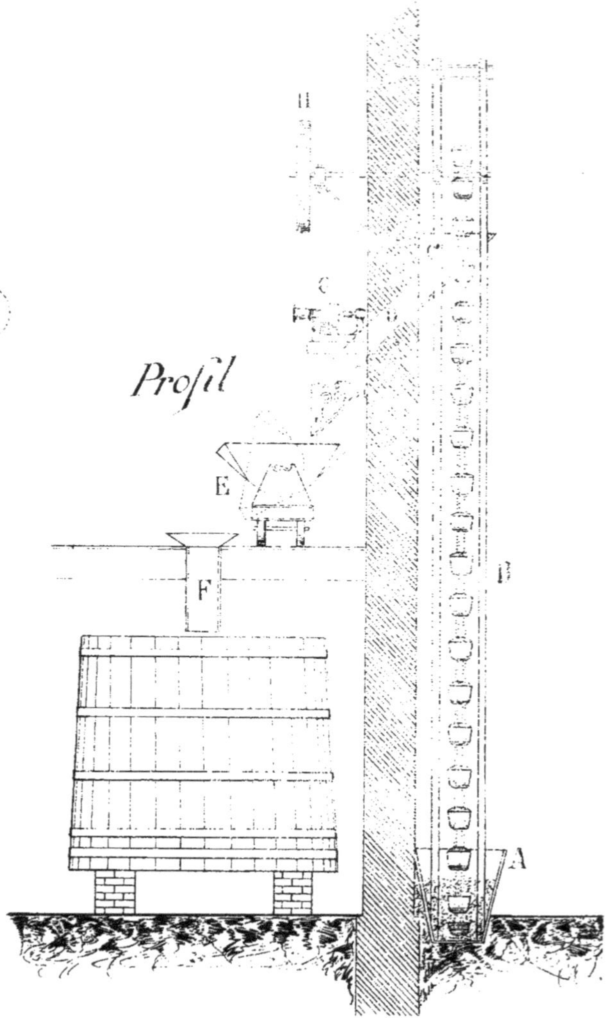

Face

Profil

Echelle $\frac{1}{500}$

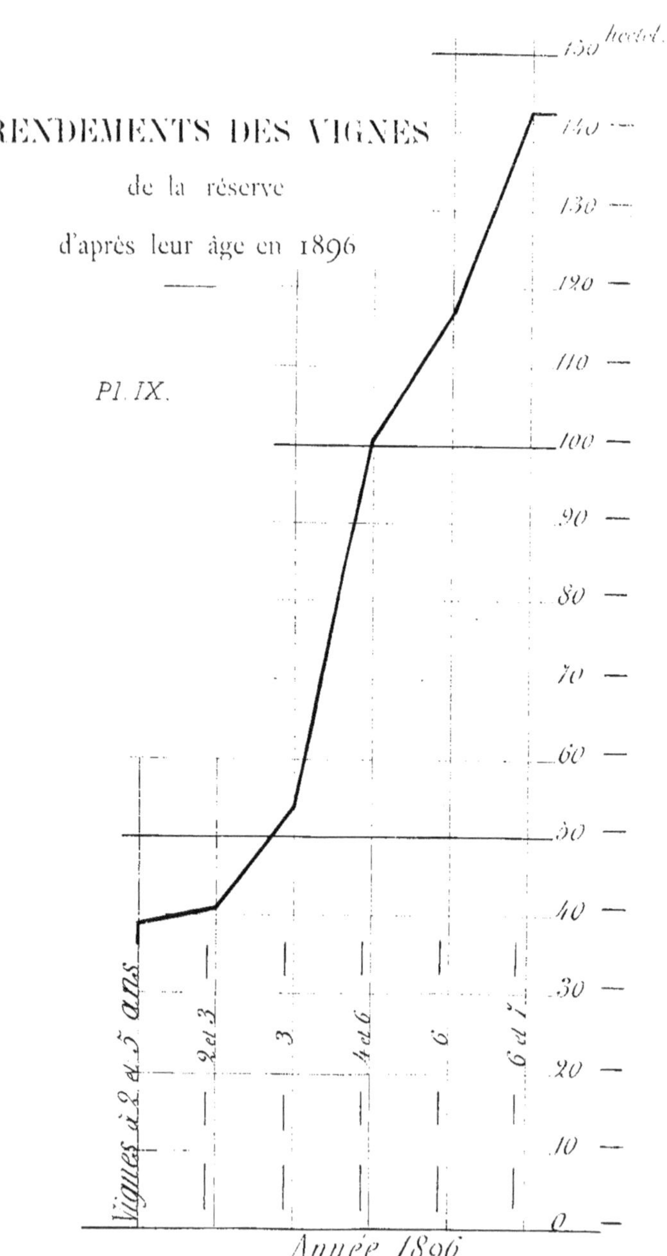
RENDEMENTS DES VIGNES
de la réserve
d'après leur âge en 1896
Pl. IX.
150 hectol.
140
130
120
110
100
90
80
70
60
50
40
30
20
10
0
Vignes à 2 et 3 ans
2 et 3
3
4 et 6
6
6 et 7
Année 1896.

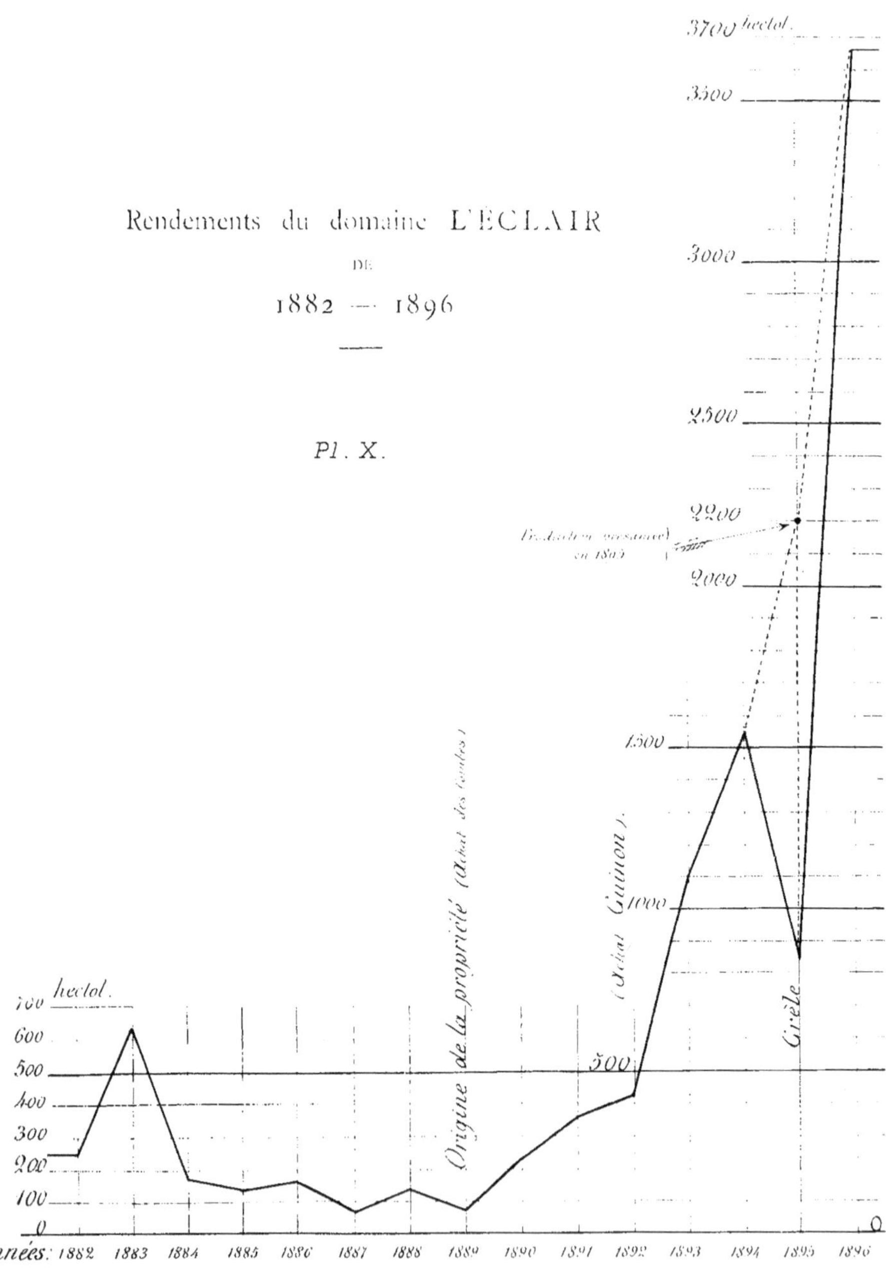
Rendements du domaine L'ECLAIR
DE
1882 — 1896
Pl. X.
3700 hectol.
3500
3000
2500
2200
2000
1500
1000
500
hectol.
700
600
500
400
300
200
100
0
Origine de la propriété
Grêle
années: 1882 1883 1884 1885 1886 1887 1888 1889 1890 1891 1892 1893 1894 1895 1896

Pl. XI. — Le château de « l'Éclair », à Liergues, près Villefranche (Rhône).

PL. XII. — Le cuvage du domaine de « l'Éclair », à Liergues, près Villefranche.

PL. XIII. — Un vigneronnage du domaine de « l'Éclair ». L'élévation et le plan de ce bâtiment sont à la PL. V.

www.ingramcontent.com/pod-product-compliance
Lightning Source LLC
LaVergne TN
LVHW011958160826
845678LV00002B/612

9782329682914